送给我的女儿小雪。

——张辰亮

送给我亲爱的弟弟和小侄女。

——无理连

图书在版编目（CIP）数据

小熊猫日记/ 张辰亮著；无理连绘. — 北京：北京科学技术出版社，2019.6

ISBN 978-7-5304-9916-0

Ⅰ.①小… Ⅱ.①张… ②无… Ⅲ.①小熊猫 – 儿童读物 Ⅳ.①Q959.838-49

中国版本图书馆CIP数据核字（2018）第251832号

绿色印刷 保护环境 爱护健康

亲爱的读者朋友：

本书已入选"北京市绿色印刷工程——优秀出版物绿色印刷示范项目"。它采用绿色印刷标准印制，在封底印有"绿色印刷产品"标志。

按照国家环境标准（HJ2503-2011）《环境标志产品技术要求 印刷第一部分：平版印刷》，本书选用环保型纸张、油墨、胶水等原辅材料，生产过程注重节能减排，印刷产品符合人体健康要求。

选择绿色印刷图书，畅享环保健康阅读！

北京市绿色印刷工程

小熊猫日记

作　者：张辰亮		绘　者：无理连	
策划编辑：代 冉		责任编辑：代 艳	
责任印制：张 良		图文制作：天露霖	
出 版 人：曾庆宇		出版发行：北京科学技术出版社	
社　址：北京西直门南大街16号		邮政编码：100035	
电话传真：0086-10-66135495（总编室）		0086-10-66113227（发行部）	
0086-10-66161952（发行部传真）			
电子信箱：bjkj@bjkjpress.com		网　址：www.bkydw.cn	
经　销：新华书店		印　刷：北京利丰雅高长城印刷有限公司	
开　本：889mm×1194mm　1/16		印　张：2.5	
版　次：2019年6月第1版		印　次：2019年6月第1次印刷	
ISBN 978-7-5304-9916-0/Q·162			

定价：39.00元

小熊猫日记

张辰亮◎著　　无理连◎绘

北京科学技术出版社

6月4日

太阳落山了，我起床了。

虽然在四川的高山上，夏天的温度还
不到 20℃，但我还是觉得热。白天热，
晚上凉，所以我白天睡觉，晚上玩耍。

弟弟总是赖床。

2

6月6日

　　我和弟弟长得不一样。我脸上红褐色的毛多，弟弟脸上白色的毛多。

　　妈妈说，每只小熊猫的脸都不一样。

　　我俩的尾巴也不一样，我的尾巴上有5条白色环纹，弟弟的尾巴上有6条白色环纹。

　　相同的是，我俩的尾巴都很蓬松。不过，最蓬松的还是妈妈的尾巴。

6 月 13 日

　　中午下了雨，很凉快，所以我下午提前起床，下树去吃竹子。

　　地上有好多竹笋皮和折断的竹子，竹林里还传来"咔嚓咔嚓"的声音。是谁在那儿？

原来是大熊猫！

妈妈说，人类最早发现的是我们，把我们叫作"熊猫"，多年后才发现这种黑白色的动物。当时人们认为，他们是我们的亲戚，所以叫他们"大熊猫"，改叫我们"小熊猫"。现在人类才知道，我们和大熊猫并不是亲戚。

因此，我长大后不会变成大熊猫，而会变成像妈妈一样大的小熊猫。

　　大熊猫们正在吃粗竹子，剩下了一堆细竹枝。我正好爱吃细竹枝。

　　我们小熊猫和大熊猫的前爪上都有个突起，它叫"伪拇指"。有了它，我们才能抓握竹子。

　　为了抓握竹子，我们的祖先不约而同地进化出了伪拇指。

　　大熊猫的伪拇指很大，我们的很小，但都很好用。

熊猫契约

从今以后，细竹枝归小熊猫，粗竹枝归大熊猫。立字为据，画押生效。

6月13日

9

7月1日

晚上，
我和弟弟追逐打闹。
我们在树枝间跳来
跳去，一点儿都不怕从树上掉
下去，因为地上有厚厚的落叶。
我们一直打闹
到了地上！

我们滚进一片草丛，惊起了一大群萤火虫。

好多呀！1，2，3……我数到了100，弟弟只数到

10，因为10以上的数怎么数，妈妈还没教给他。

7月2日

　　昨天晚上玩得太累了，我、弟弟和妈妈今天睡得特别香。一群金丝猴在我们旁边吵闹，我们都懒得理他们。

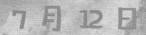

我问妈妈："我们的肚皮为什么是黑色的？"

妈妈让我下树，从地面往树上看。妈妈黑色的肚皮和树荫融为一体，很难被发现。

"白天我们在树上睡觉，黑肚皮可以帮助我们隐藏自己，不让天敌看到。"妈妈说。

呼—呼—呼—

7 月 13 日

　　我抓到一只大蛾子，结果一只白腹锦鸡要来抢，我气得用后腿站了起来。小熊猫生气时都会这样站起来。

　　白腹锦鸡被我吓跑了。他可能在纳闷，为什么我突然变高了，还变黑了。

晚上，我碰到了一只红白鼯鼠。
他个子和我差不多大，身上也有红
褐色的毛，但眼睛和我的不一样，
是蓝色的。

他正在舔一块石壁。
"你舔它干什么？"我问。
"这里渗出了一些盐，我
想吃盐了。"他说。
我用手指抹了一下，尝了
尝，真的有点儿咸。

16

红白鼯鼠爬上了石壁顶。

"再见！我要去对面的树林了。"

说完，他跳下石壁，展开四肢间的皮膜，身体变成一个大方块。

"好帅！"我惊叹道，看着他在空中滑翔。

8 月 9 日

树下乱哄哄的，我们被吵醒了。
哇，这是什么怪物？
"他们是羚牛。"妈妈说，"虽然叫羚牛，
但他们其实是羊，是绵羊的亲戚。"

我和弟弟在树上跟踪他们，发现他们也去红白鼯鼠舔过的石壁吃盐了。

绵羊很可爱呀！我想下去和他们玩，可妈妈不让我去。

"羚牛非常凶！连人类都敢撞！"

天哪，绵羊怎么会有这么凶的亲戚？

19

8 月 24 日

看我们今晚发现了什么——上次打扰
我们睡觉的那群金丝猴！
现在轮到我们打扰他们睡觉了！

21

妈妈给我们上课："见到浑身是绿色的蛇，要躲远点儿，那很可能是竹叶青！竹叶青是毒蛇。"

8 月 29 日

我发现了一条绿色的蛇！

"是竹叶青！快跑！"

"我是翠青蛇，不是竹叶青！竹叶青的头是三角形的，眼睛小。我的头是椭圆形的，眼睛大。我没毒！"

"那你平时吃什么？"

"蚯蚓呀！"说完，翠青蛇从地里拽出一条蚯蚓，吞了下去。

9月6日

清晨，我去溪边喝水。

溪中的石头上趴着许多四川湍蛙。他们脚上有吸盘，不怕湍急的水流。

一只湍蛙对我说："喝水时小心哦，别把我的孩子喝进肚子里。"

水下果然有好多蝌蚪，他们吸附在石头上。
"水这么急，你们为什么不会被冲走？"
一只蝌蚪亮出肚子，说："看，我们肚子上有
个大吸盘！"刚说完，他就被水冲走了。

9 月 13 日

我和弟弟摘了好多果子，准备迎接一位重要的客人。

"豪猪先生，您好！您终于来了！"

"谢谢你们的款待！"豪猪开心地吃起了我们准备的食物。

临走前，豪猪送给我们一大把豪猪刺，这是我们最想要的东西。

可以痛快地玩飞镖啦！

27

10 月 9 日

　　我们的耳朵下都有两撮长毛，妈妈的最长。

　　我和弟弟选了两颗红豆杉的果子，系在妈妈的长毛上。

　　鲜红的小耳坠做好了，妈妈好漂亮！

10 月 13 日

　　山下来了一群藏酋猴，每只都胖得不像样。

　　他们一直在旅游景区缠着人类要吃的，人类给了他们好多薯片、可乐、蛋糕，他们都吃胖了。"吃胖点儿好过冬啊！不过……好像……是太胖了。"一只藏酋猴喘着粗气跟我说。

10 月 20 日

秋天终于来啦！好凉快哟！

树叶变成五颜六色的，深红、浅红、深黄、浅黄、深绿、浅绿……

远处的高山上已经开始下雪了，山顶戴上了白帽子。

这就是我的家乡！我的家乡真美！